浪花朵朵

树木小指南

［英］凯特·佩蒂　乔·埃尔沃西　文

［英］夏洛特·沃克　绘

［法］邓　韫　译

这本书属于：

伊甸园工程

四川人民出版社

目录

序言

你能在本书中为身边的树木找到它们的名字，无论是在城市还是乡下、花园还是树林，路旁、河边还是公园里。

在这本书中，你能找到可以帮助你鉴定树木的线索，比如树的形状、大小、生长环境以及树叶的形状。有些页面还画有冬季里幼芽的图案，所以即使树叶全掉光了你也能给树木定名。

记住，除非认识植物的成人确定说可以食用，否则，千万不要食用任何树叶和果实。还要记住，要带着书去看树，而不是把树带到书面前。

什么是树？

这些绿巨人是地球上最高大的植物。很多树种已经存在几百年了，有些甚至是从恐龙时期就已经存在了。

树是由长着树枝的粗粗的主干和布满了树叶的细枝构成的。树叶就像一个小工厂，从空气中吸收二氧化碳，从土壤中吸收水分，然后在阳光的照射下将它们转化成供树木生长的能量，同时呼出可供我们呼吸的氧气。树木也能产出水蒸气从而形成云和雨，并且为我们提供树荫、住所和木材。

大树万岁！

四季

一年四季中树木的外形会发生变化。

春季

绝大部分的树在一年中最初的几个月都会花满枝头。有些树是雌雄同花，有些树的雌花和雄花长在同一棵树上，而有些树的雌花和雄花分别长在不同的树上。

夏季

这是凭树叶来鉴定树木的最好的季节。树叶有很多不同的形状！

秋季

秋天带来绚丽的色彩。一些树的树叶颜色从绿变黄再变红，最后，在落到地面之前变成了金褐色。

冬季

落叶树的树叶在每个冬季都要脱落，整棵树进入冬眠状态，等待来年的春天。而常绿树则全年都长有绿叶。

种一棵属于自己的树

亲自种一棵属于自己的树是一件很有趣的事！

从秋季开始寻找种子，有些种子譬如橡子和马栗 (lì) 是很容易找到的。

你需要给这些种子准备一些花盆、花园土和标签。

具体步骤是：

1. 收集种子。
2. 给每个花盆都装满花园土，
   埋上一颗种子，再用土壤
   将种子盖住。
3. 给每个花盆贴上标签。

来年春天你就会看见花盆中长出好多幼苗。

树木可以自行再繁殖。根据树的种类不同，雄花借助风力或昆虫将花粉传给雌花，雌花受精后长出果实。果实的种类繁多，比如坚果、水果或外形像玩具直升机机翼的翅果等。果实一般包括果皮和种子两部分。种子成熟后落入土壤，接着再长成一棵新的树。如此循环下去。

怎样测量一棵树木

找一个朋友、一棵树、一支铅笔或小棍及一个卷尺。

1. 让你的朋友等在要测量的树下，你走到足够远，远到可以看到树的全貌的地方。

2. 闭上一只眼。将笔竖握在手中，调整笔的位置远近直到笔刚好与树全部重合。

3. 保持握笔的手的姿势不动，将笔横放并与地面平行，笔的底端仍旧和树的底端重合。

4. 现在，让你的朋友跑去笔尖的位置。

请一直闭着同一只眼！

5. 最后，用卷尺测量你的朋友到树的距离。测量出来的数值就是树高啦。

落叶乔木

欧洲水青冈

Fagus sylvatica
壳 (qiào) 斗科
高可达 40 米
落叶乔木

这棵高耸的欧洲水青冈，树冠
庞大，有着灰色的树皮和亮绿
色的叶子。树下植被稀少，通常只
有枯叶和包裹着坚果的壳斗。因为地面总是裸
露的，所以老树的粗糙根系也明显可见。

欧洲水青冈的树皮非常光滑！
如果你发现了一棵树皮上刻着
人名的树，那么它很有可能就
是欧洲水青冈呢。

8

欧洲水青冈

春季

新生的树叶娇嫩柔软，泛微光。

秋季

树叶变成红褐色。欧洲水青冈的坚
果长在小小的带刺的果壳中。
这种果壳有个专门的
名称，叫"壳斗"*。

（*译者注：坚果外包着壳斗是壳斗科
植物的共同特征。）

冬季

鹿、獾、松鼠、
老鼠和鸟（例如燕
雀和苍头燕雀），
都很喜欢吃欧洲水
青冈的坚果。

老虾蛾毛毛虫以
欧洲水青冈的树
叶为食。

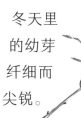

冬天里
的幼芽
纤细而
尖锐。

从几百年前到现在，农夫们都
喜欢在欧洲水青冈树林中放养家猪，
好让它们食用水青冈的坚果。

光秃秃的树
枝末端有
很多细小
的嫩枝，
看上去就像
一簇簇伸向
天空的羽毛。

欧洲鹅耳枥

Carpinus betulus
桦木科
高可达 30 米
落叶乔木

欧洲鹅耳枥的树冠外形庞大饱满，枝叶稠密茂盛，树皮银灰色。

很容易和欧洲水青冈混淆，两者最大的区别是欧洲鹅耳枥的树叶边缘是锯齿状的，而欧洲水青冈的树叶边缘是光滑的。

春季

你会看到带着红色外苞片的黄绿色雄花。像图中这样的花型叫柔荑 (tí) 花序。

夏季

叶片椭圆形，顶端锐尖，基部近圆形，边缘呈锯齿状。

欧洲鹅耳枥

秋季

叶片颜色逐渐从绿色变为黄色、橙色，最后变成黄褐色。果实为长着翅膀的小坚果。

欧洲鹅耳枥的木质坚硬且很重，常被用于制作钢琴键、轮轴 (gǔ)、机器齿轮及柴把等。

冬季

直到冬季最寒冷的月份，欧洲鹅耳枥的树枝上还能挂有树叶，所以它常被栽种来做灌木篱墙。寒冷季节里欧洲鹅耳枥的柔荑花序被包裹在幼芽内部，安全越冬。

我们锡嘴雀是唯一可以用自己的喙啄碎鹅耳枥种子的坚硬外壳的鸟。

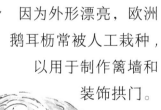

因为外形漂亮，欧洲鹅耳枥常被人工栽种，以用于制作篱墙和装饰拱门。

欧洲桤木

qī

Alnus glutinosa
桦木科
高可达 25 米
落叶乔木

别名普通赤杨，我们常在河边看见这种优雅的圆顶树，树叶近圆形，树枝偏红色。它的根系能防止河水对堤岸的侵蚀，并给很多动物提供栖身之地。

我是碧燕尾舟蛾毛毛虫。

我是碧燕尾舟蛾。

春季

长长的雄性柔荑花序在春季会散布出大量的花粉，同时小小的雌性花序的球果会慢慢地从紫色变成绿色。

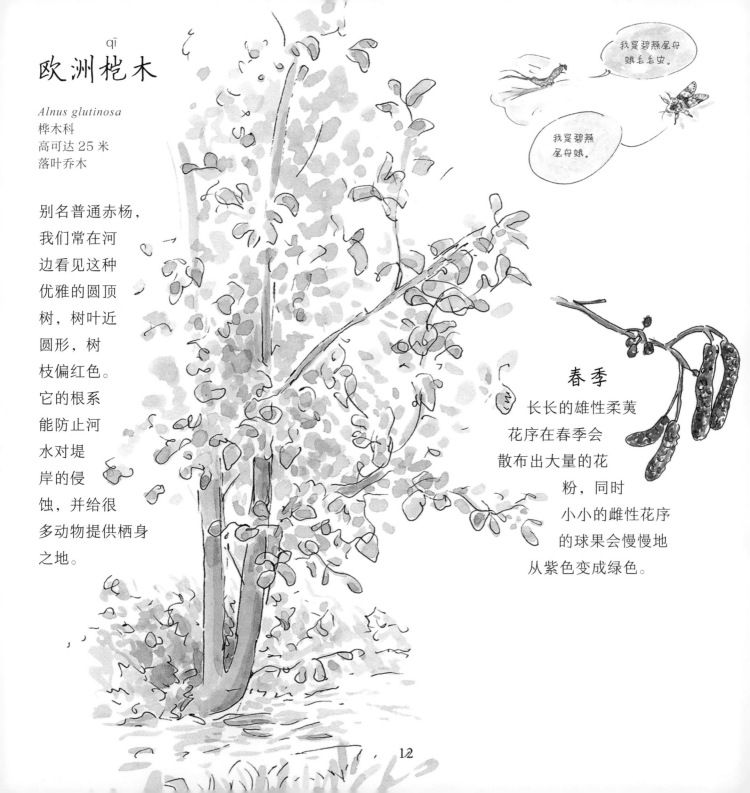

12

夏季
叶子为深绿色，叶缘和尖端有稀疏的浅钝齿。

欧洲桤木

欧洲桤木的木材在水中会硬化。因为这个特性，它以前常被用来制造运河中的挡水门。

朱顶雀和黄雀在冬季喜欢食用藏在雌花球果里的种子。

秋季
搜集掉落的棕色球果，用它们建一个迷你森林是件很有趣的事。

欧洲桤木常被用作原木。

冬季
细小的带翅膀的种子像小船一样漂浮在水面上，随波逐流。它们能被水流带去远方，然后在那里长成大树。

垂枝桦

Betula pendula
桦木科
高可达 26 米
落叶乔木

垂枝桦生长迅速，树形风姿绰(chuò)约，又称"森林里的贵妇"。它凭借特有的白色树干和灰绿色树叶，很容易被发现和辨认。和其他乔木相比，垂枝桦的树龄不算长，通常不超过一百年。

夏季

树叶柔嫩，比较小，边缘有着尖锐的粗锯齿。

你用垂枝桦细长的枝条可以做成扫帚，是不是很神奇？

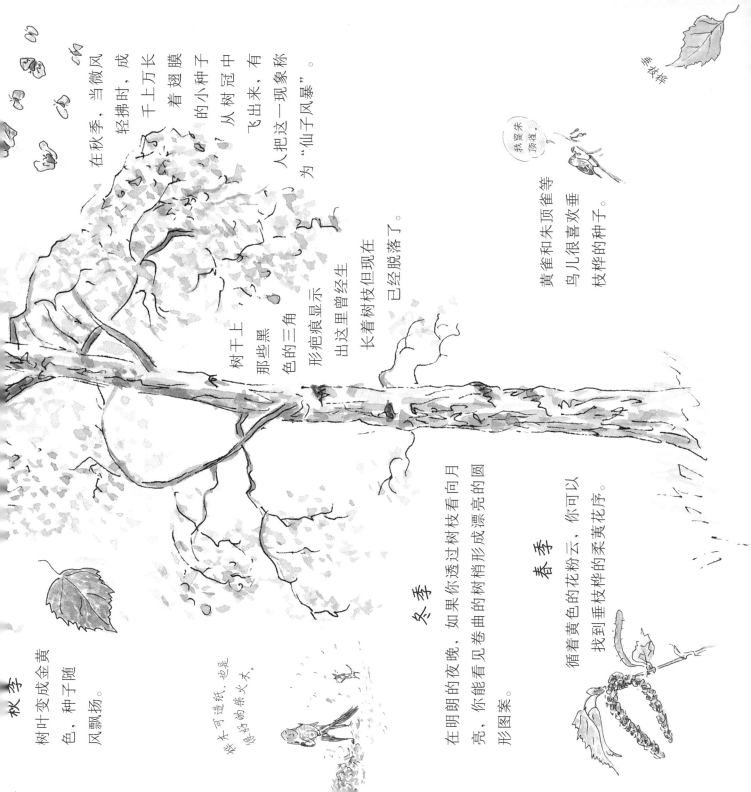

在秋季，当微风
轻拂时，成
千上万长
着翅膜
的小种子
从树冠中
飞出来，有
人把这一现象称
为"仙子风暴"。

树干上
那些黑
色的三角
形疤痕显示
出这里曾经生
长着树枝但现在
已经脱落了。

黄雀和朱顶雀等
鸟儿很喜欢垂
枝桦的种子。

秋季

树叶变成金黄
色，种子随
风飘扬。

桦木可造纸，也是
很好的柴火木。

冬季

在明朗的夜晚，如果你透过树枝看向月
亮，你能看见卷曲的树梢形成漂亮的圆
形图案。

春季

循着黄色的花粉云，你可以
找到垂枝桦的柔荑花序。

欧洲小叶椴

Tilia cordata
椴树科
高可达 40 米
落叶乔木

欧洲小叶椴是史前时代很常见的一种树。夏季，成群的蜜蜂绕着小叶椴上的繁花飞舞，你老远就能听见从树上传来的嘈杂声。光滑的灰色树皮随着树龄增大会逐渐变得粗糙。欧洲小叶椴的英文名字为"lime"，和"青柠"是同一个单词，但青柠是另外一种完全不同的树的果实。

我不是青柠。

这种花草茶叫"tilleul"，是用欧洲小叶椴的花制成的，有安神和舒缓情绪的功能。

欧洲小叶椴的树型为高圆锥形。

春季

欧洲小叶椴的树叶为心形，叶缘有锯齿边缘。分泌出来的树液让树干和树下面所有的东西都变得黏糊糊的。蚜虫喜欢吸吮它的树液。

欧洲小叶椴

嘶溜！
嘶溜！

Bzzzz
Bzzzzz
Bzzzzz

人们常用欧洲小叶椴的木头来雕刻漂亮的物件。在伦敦的圣保罗大教堂里就能见到椴木雕刻品。

夏季

花朵从看上去像树叶的苞叶上垂下来，这些苞叶也在日后为那些成熟的种子充当在风中远航的风帆。

今天，我们仍然能见到人们在 400 多年前种植的欧洲小叶椴林荫道，依旧时尚美丽。

冬季

树干高大，
　树枝末梢
　　都指向天空，
树干底部周围
　徒生枝*丛生，
远看上去，是枝
　枝叶叶的一团。

* 译者注：徒生枝是指生长在树干底部的无用枝条，只长叶不会开花结果。

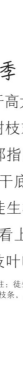

树干系部的徒生枝和虬(qiú)曲的小枝是欧洲小叶椴的重要辨认特征。

无毛榆

Ulmus glabra
榆科
树高差异较大
有些可高达 40 米
落叶乔木

可以在树林中的潮湿
区域、海边和山坡上找到
这种高大魁伟的乔木。

无毛榆

春季

细小的雌花在早春开放，
传粉受精后长成纸质的绿色种子。

叶椭圆状，不对称。
轻轻抚摸叶片，叶上
表面有绒毛，手感粗
糙，叶下表面光滑柔软。

喂，我就是榆树
皮甲虫！

无毛榆和英格兰榆有亲缘关系，
后者曾经因为荷兰榆树病几乎从
英国灭绝了。荷兰榆树病是由
榆树皮甲虫在树间传播的
一种真菌造成的。

这种树耐阴，
喜欢潮湿的
环境。

夏季

在 7 月，你会看到
无毛榆的种子逐
渐成熟，慢慢
变成浅褐色，
然后从树上
纷纷脱落。

冬季

找一找毛绒绒的
红褐色嫩芽。

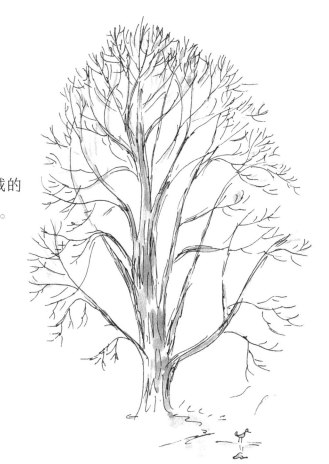

19

树叶的背面是
浅灰白色。
当有风吹过时，
哗啦啦，
整棵树顿时
变成银白色。
白杨是它的近亲。

钻天杨

Populus nigra var. Italica
杨柳科
高可达 36 米
落叶乔木

这种高大挺拔的树来自
意大利。目前，可常
见于欧洲公路两旁
和花园里。

春季

你能看见亮红色的柔荑
花序，有人把它称作
"恶魔的手指"。

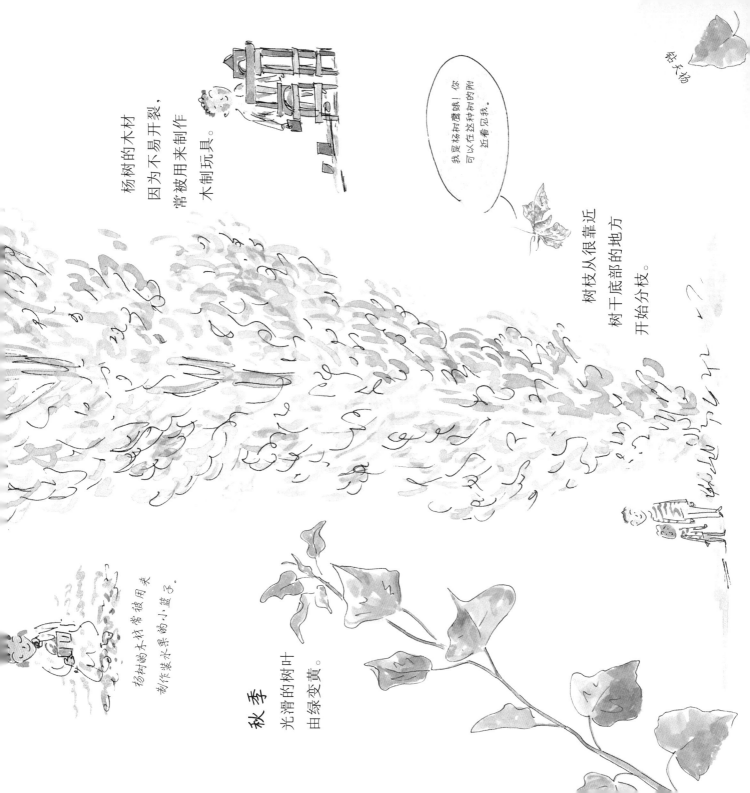

秋天的叶

杨树的木材
因为不易开裂，
常被用来制作
木制玩具。

我是杨树螟蛾！你
可以在这种树的附
近看见我。

树枝从很靠近
树干底部的地方
开始分枝。

杨树的木材 常被用来
制作装水果的小篮子。

秋季
光滑的树叶
由绿变黄。

果园就是栽满了果树的园子。春季的果园像是令人惊喜的婚礼现场，每棵果树上都满满地绽放着缤纷的花朵，有粉红色，有白色。凑近一些仔细瞧，这些花都像迷你玫瑰。

杏树

Prunus armeniaca
蔷薇科
高可达 4 米
落叶乔木

梨 树

Pyrus communis
蔷薇科
高可达 4 米
落叶乔木

白色花，有时
也会带点
很淡的黄色
或粉红色。

梨花象征着
舒适和温馨。

杏树的叶子
为心形，花是很
漂亮的粉红色。

樱桃树

樱桃树

Prunus avium
蔷薇科
高可达 15 米
落叶乔木

樱桃树树皮光滑，呈紫褐色。

苹果树

Malus domestica
蔷薇科
高可达 4 米
落叶乔木

樱桃树和李树是花园
里最早开花的果树，
它们盛放繁花，
庆祝着春天
的到来。

苹果树的花朵
较大，花瓣
为白色，
边缘带一点
浅浅的粉红色。
树叶为椭圆形，
叶子的背面略
微带点绒毛。

苹果树

李树

李树

Prunus domestica
蔷薇科
高可达 4 米
落叶乔木

李花中心的一个小点在授粉之后将会
长成果实——李子。

果园

李树

嗡嗡嗡，昆虫们在花间飞舞。夏季的果园，一派生机盎然。忙碌的蜜蜂将花粉从一朵花带到另一朵花。授粉的花儿不久之后就会长出美味的果实。最开始是樱桃，然后是李子。从夏入秋，苹果和梨也逐渐成熟。准备开始摘水果吧！

梨

无论是做成果酱还是直接生吃都很美味。当梨还比较硬时就摘下来，让它们在果篮里慢慢变熟，直到变得甜美多汁。

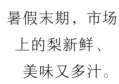

暑假末期，市场上的梨新鲜、美味又多汁。

樱桃

樱桃的颜色有很多种，从白到红还有黑。

樱桃树的木材，适用于打造高档乐器。

杏

杏最早来自中国，现在它们遍布全球所有拥有漫长的温暖夏季的地方。

杏干和杏肉果酱都很美味。

李子

你在商店里看见过多少种不同的李子？李子有很多不同的颜色，比如黄色、红色、蓝紫色。

民间有个传说，如果你把所有的旧水桶都挂在李树上，它将会结出更多的李子。

苹果

世界上有超过 7 000 种不同的苹果，如考克斯（Cox）、布拉姆利（Bramley）、澳洲青苹果（Granny Smith）、英国本土苹果（Discovery）、朱庇特（Jupiter）、新西兰嘎啦苹果（Gala），等等。你都尝过哪些呢？

自新石器时期以来，人们就通过栽种苹果树来获取苹果，用于直接食用、榨汁饮用以及治疗疾病。

一天一苹果，医生远离我。

奶牛如果吃多了被风吹落的苹果，可能会醺醺醉。

柳树

Salix spp
杨柳科
树高差别较大，有些高达 25 米
落叶乔木

很多种柳树都长着
细长而轻薄的叶子，
柳叶随风摇曳，
闪闪发光。
银柳，也叫褪色柳，
在春季长出丝滑
柔美的绒绒柳絮，
通常长在近水的地方。

柳树

垂柳

呀!

爆竹柳在河边很常见，枝条易断。折断的柳枝
随波漂流，当它们被水冲到河岸时，很容易
再次落地生根，重新长成一棵新的柳树。

白柳的木材常
被用于制造板
球球拍。

长在旱地的垂柳很适合用来
搭个柳枝帐篷。将一根根
细长的柳条插入地面就
可以搭建一个不断生长
的简易"活帐篷"。

柳枝可被用来
编制篮子和椅子。

栎树
lì

Quercus spp
壳斗科
高可达 30 米
落叶乔木

也称橡树。树龄很长，能超过
700 年。你可以很容易凭借
它粗犷 (guǎng) 的外形、
虬曲的枝条和形状独
特的叶子认
出它来。

夏季

稠密的树叶能形成
密不透光的树荫。

春季

栎树的雄花是
柔荑花序。新生
的嫩叶是
棕绿色。

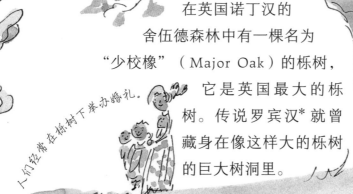

人们经常在栎树下举办婚礼。

在英国诺丁汉的
舍伍德森林中有一棵名为
"少校橡"（Major Oak）的栎树，
它是英国最大的栎
树。传说罗宾汉*就曾
藏身在像这样大的栎树
的巨大树洞里。

*译者注：罗宾汉是
英国民间传说中的
侠盗。

无梗花栎

栎树

秋季

在树下可以找到散落在地面上的橡果。
英国栎的橡果有柄，而无梗花栎的
橡果则无柄。种一些橡果在
　　土里，开始培育你自己的
　　　栎树森林吧！

英国栎

瘿蜂的卵已经在里面了！

古时候的船是用
　橡木建造的，
　　现在仍用橡木
　　制造家具。

冬季

虬曲的树枝
末端有大量
的小细枝。

常绿冬青栎常年都
　　长有光亮的
　　革质树叶。

园丁为了
　秋天美丽
　　的色彩
　　　而栽种
　　　鲜红栎。

欧亚槭
qì

Acer pseudoplatanus
槭树科
高达 35 米
落叶乔木

高大、生长迅速的欧亚槭从中世纪开始就被广泛种植。凭借它独特的掌状枫叶和钥匙串一样的成簇的翅果（种子），你能很容易地辨认出这种树。

春季
浅黄色花朵和绿色的叶子一同到来。

我们是槭灯蛾毛虫。

我们喜欢吃树叶，尤其是欧亚槭的树叶！

夏季

你听，繁忙飞舞
的蜜蜂们嗡嗡
作响，它们正
在欧亚槭的
花簇中采
集花蜜。

秋季

焦油斑菌在秋季侵袭树叶，
这意味着欧亚槭的树叶从
此开始迅速地脱落并腐烂。

冬季

高大的树干疙
疙瘩瘩的，弯弯
曲曲的树枝顶
端簇拥着很多
小枝。

当一对对翅果种子成熟或变成褐色时，
它们彼此引开并脱离高大树，
像小直升飞机一样缓缓向地面降落。
落地之后迅速坐坐很。

地板也灵。

小提琴琴弓
常灵用欧
亚槭的木
材制造的。

英桐

Platanus × hispanica(× acerifolia)
悬铃木科
高可达 44 米
落叶乔木

又名二球悬铃木，俗称法国梧桐。英桐长有高大的树干、散开的冠状树冠以及纠缠不清弯弯曲曲的树枝，无论是在农村还是城市都随处可见。

老树的树皮呈块状脱落，所以树干呈斑驳状。当树真正变老后，树干颜色变深并开裂。

这树皮看上去和我裤子上的花纹很像。

新长出来的果实是绿色的，成熟后变成褐色。

夏季

英桐树上悬挂的
刺球形状的果实，
就像是数以百计的
有趣的耳环挂坠。

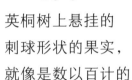

看我的耳环！

春季

英桐的叶子较大，
形状像一只张开的
手掌。

我们这种飞蛾吃
英桐的树叶。

冬季

树叶脱落后，成熟的褐色果
实还会在树上悬挂好几个月。
之后，果实开裂，慢慢地释
放出很多细小的种子，种子
上的绒毛会帮助种子在风
中漫天飞舞。

英桐很擅长处理被污染的空气，所以它被
广泛地种植在世界各地大大小小的城市中。

33

欧洲七叶树

Aesculus hippocastanum
无患子科
高可达 40 米
落叶乔木

又名马栗树。奶油色蜡烛状的花让欧洲七叶树在 5 月份很容易被辨认出来。9 月份捡拾欧洲七叶树的果实来玩康克游戏也是件很有趣的事。

欧洲七叶树最早来自巴尔干半岛。它的果实叫"马栗"，和可食用的板栗有些相似，但两者并不同科，没有亲缘关系。

马栗有毒，不能食用！

康克游戏

这是一个双人游戏。游戏者分别在一个马栗中凿一个孔，穿入绳子，并在一头打个结。将串好的马栗悬空吊起，两人轮流将自己的马栗撞向另一个人的马栗，率先击碎对方马栗的一方为胜者。欧洲七叶树的果实的英文名叫"conker"，这个游戏的名字也因此叫"Conkers"（音译为"康克游戏"），游戏的胜利方叫"conqueror"。"征服者"的英文单词"conqueror"就来自于此。

春季

凑近一些观察它的花朵，
有粉红色、黄色和
白色等多种颜色。

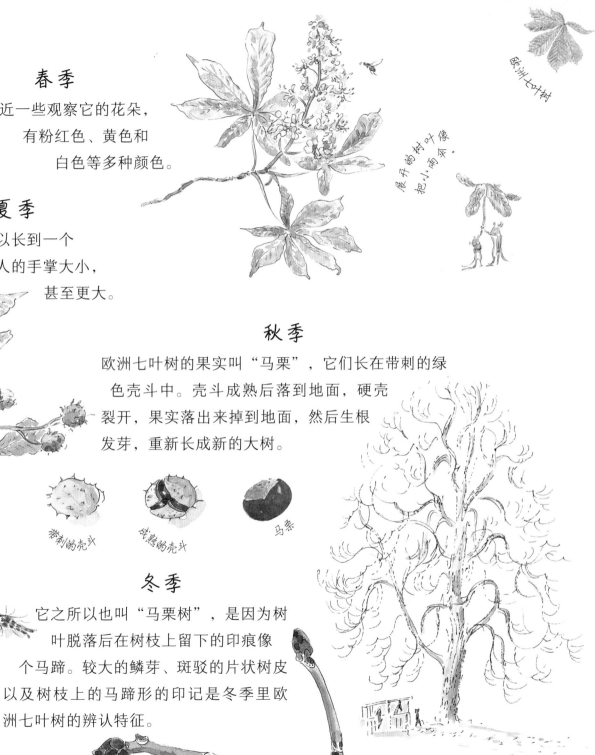

欧洲七叶树

展开的树叶像
把小雨伞。

夏季

树叶可以长到一个
成年人的手掌大小，
甚至更大。

秋季

欧洲七叶树的果实叫"马栗"，它们长在带刺的绿
色壳斗中。壳斗成熟后落到地面，硬壳
裂开，果实落出来掉到地面，然后生根
发芽，重新长成新的大树。

带刺的壳斗　　成熟的壳斗　　马栗

我是一只潜叶蛾。
我的毛毛虫在叶子
里修筑隧道，并在
叶面上形成斑点。

冬季

它之所以也叫"马栗树"，是因为树
叶脱落后在树枝上留下的印痕像
个马蹄。较大的鳞芽、斑驳的片状树皮
以及树枝上的马蹄形的印记是冬季里欧
洲七叶树的辨认特征。

欧洲栗

Castanea sativa
壳斗科
高可达 35 米
落叶乔木

又名甜栗。这些大树有着漂亮修
长的树叶和可以食用的坚果，
它们的树龄可以超过500年。
欧洲栗原本生长在阳光
明媚的意大利和法
国，后来被罗
马人带到了
英国。

春季和夏季

叶片较大，叶缘具有尖锐的锯齿，摸上去会扎手。但叶面是革质的，手感光滑。6 月至 7 月间开花。

秋季

树叶变成漂亮的金黄色。

欧洲栗

刺猬状的壳斗

裂开后露出里面光亮的深褐色坚果。烹饪后的甜栗很美味。

甜栗泥可用来做多种美味的蛋糕和布丁。

冬季

树叶都落光后就很容易观察到树皮围绕着树干呈螺旋上升状生长。

木材很硬，可用于制造围栏。

欧洲白蜡树

Fraxinus excelsior
木犀科
高可达 40 米
落叶乔木

树型高大，树干
灰白色，枝条向上
生长。在蓝天下飘
扬的羽状复叶很美丽。

很少有昆虫生活在
欧洲白蜡树上，所以
你不会在树的附近
看见很多鸟儿。

但是偶尔你能观察到
乌鸫、苍头燕雀、鹪
鹩和知更鸟。

春季

欧洲白蜡树在 4 月和 5 月间开花。
找找看，树上有天鹅绒般的黑
色芽苞和黄色的花。

欧洲白蜡树的根入地很
深，可从土壤中大量汲
取营养物质和水分，
所以在它的树下
很少生长其
他植物。

树干太高，很难攀爬。

嗯，叶子很好吃，可
是对我的奶汁不好！

38

欧洲白蜡树

欧洲白蜡树的木材具有弹性，能很好地吸收冲击力，适用于制造家具、手拉车和工具手柄。

夏季

欧洲白蜡树的叶片沿叶柄成对生长，在叶柄的最顶端只有一片小叶。

秋季

每颗种子像是被包裹在一个扭曲的钥匙中，下落时会旋转。

欧洲白蜡树的生长寿命在200年左右。它要在树龄40年左右才开始生产种子！

树枝先向下弯曲，然后又弯折向上生长，形状像"U"形烛台一样。树梢上还挂着一些褐色的"钥匙"。

冬季

找找那些带着黑色嫩芽的灰色细枝。

欧洲花楸

Sorbus aucuparia
蔷薇科
高可达 20 米
落叶乔木

欧洲花楸的树型
漂亮修长，树皮
银灰色，簇拥
的小树叶
像一堆
羽毛。

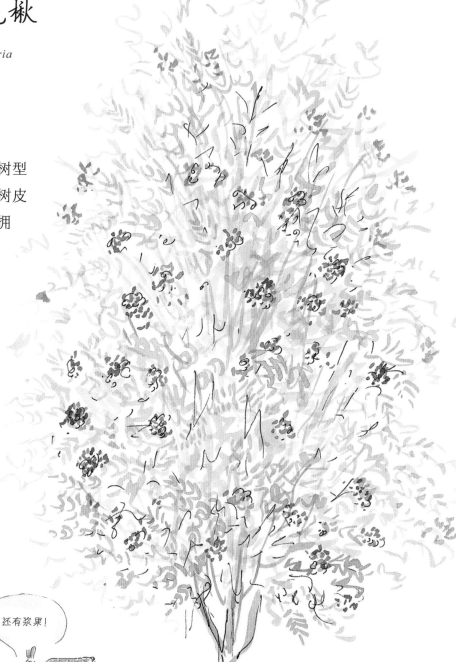

在希腊神话里，
宙斯的鹰据说曾
为了取回一个被
偷走的杯子和
一个恶魔战斗，
它的血和羽毛
落到地上就长
成了欧洲花楸。
浆果是它的血，
叶子是它的羽毛。

我们喜欢吃树
皮和细枝……

还有浆果！

看看欧洲花楸的浆
果的底部，你会发
现一个五角星。

春季

在树叶出现之前
可以看见毛绒绒的
紫色小嫩芽。

欧洲花楸

夏季

乳白色的花簇出现在
5 月和 6 月。浓郁香甜的
气味会吸引很多苍蝇和甲虫。

秋季

在秋季和早冬，树叶脱落很久
以后，一串串红色的浆果依旧
悬挂在树枝上，这让欧洲花楸
很容易被辨认出来。

冬季

乌鸫和红腹灰雀很喜欢吃欧洲花
楸的浆果。这些浆果同样也是一
些迁徙鸟类，比如白眉歌鸫、
田鸫和太平鸟的重要的
越冬食物。

欧洲花楸的拉丁文种名
"aucuparia" 来自拉丁语
"auceps"，意思为"捕鸟者"。

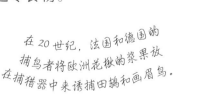

在 20 世纪，法国和德国的
捕鸟者将欧洲花楸的浆果放
在捕猎器中来诱捕田鸫和画眉鸟。

41

灌木篱墙是用来分隔道路的植物分界。如果你仔细观察，你会发现灌木篱墙里面生活着多种生物。鸟、飞蛾、蝴蝶、蝙蝠和睡鼠等都生活在这些多叶的植物墙中，并在其中寻找食物。春季的篱墙下面有报春花的踪影，夏季的篱墙繁花似锦，秋季的篱墙上生长着美味的坚果和浆果，而冬季的篱墙，光秃秃的灌木枝条还能给冬眠的动物提供藏身之地。

找一找混生在一起、组成灌木篱墙的这些树木吧：

欧榛

栓皮槭

犬蔷薇

单子山楂

黑刺李

西洋接骨木

欧榛
zhēn

Corylus avellana
桦木科
高 4-7 米
落叶乔木

春季

能看见被称为"羔羊尾巴"的垂吊
着的黄色雄花柔荑花序，以及
小小的有刺的红色雌花。

夏季

欧榛的树叶较圆、
柔软，叶尖
较尖锐。

秋季

能找到松鼠、鸸 (shī) 和我们都喜
欢的美味的坚果——榛子！

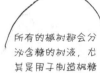

冬季

你能看到浅色的树皮以及带绒毛的
细枝上的椭圆形的光滑嫩芽。

栓皮槭

Acer campestre
槭树科
高可达 26 米
落叶乔木

所有的槭树都会分
泌含糖的树液，尤
其是用于制造枫糖
浆的北美糖枫。

春季

嫩叶带着点儿
粉红色。

夏季

掌形树叶逐渐变成革质，
颜色变成深绿色。

秋季

眼看着树叶慢慢变成
亮黄色，然后再变成
红褐色。

冬季

林姬鼠和堤岸田鼠喜欢食
用掉落下来的种子。

犬蔷薇

Rosa canina
蔷薇科
高 1-5 米
落叶乔木

春季

枝茎在灌木丛和树丛中蜿蜒
生长，如同带刺的绿蛇。

夏季

有漂亮的浅粉红色花朵。

秋季

可以摘取犬蔷薇的
果实来做果冻，
但是不能生吃啊！

冬季

在漫长的冬季里，
犬蔷薇的果实是
鸟儿们的粮食。

单子山楂

Crataegus monogyna
蔷薇科
高 7-10 米
落叶乔木

春季

单子山楂浅绿色的树叶
通常是春季里最早出现在
灌木篱墙上的树叶。白色的花朵
在 5 月份开放。

夏季

叶片较小，掌状分裂。

秋季

红色山楂果是画眉鸟和
太平鸟都喜欢的美食。

冬季

鲜红的山楂果悬挂在灰色的枝条上。

单子山楂也叫
"仙女刺"。

黑刺李

Prunus spinosa
蔷薇科
高可达 4 米
落叶乔木

春季

深黑色的枝条上开着白色的花。花朵比树叶先出现。

夏季

树叶形状简单，暗绿色。

秋季

可以捡紫色的黑刺李果来做杜松子酒和果酱。但是先警告你啊，黑刺李果生吃的话，很苦！

干杯！

西洋接骨木

Sambucus nigra
五福花科
高 3-10 米
落叶乔木

春季

伞形花有一股甜美的香气。

夏季

浅绿色的复叶由 3 到 7 片小叶组成。

冬季

冬季的茎杆上通常长着一种奇怪的耳朵状的菌类。

秋季

黑色闪亮的接骨木浆果可用于酿酒。**但千万不要生吃！毒性很重！**

45

欧洲落叶松

Larix decidua
松科
高可达 35 米
落叶乔木

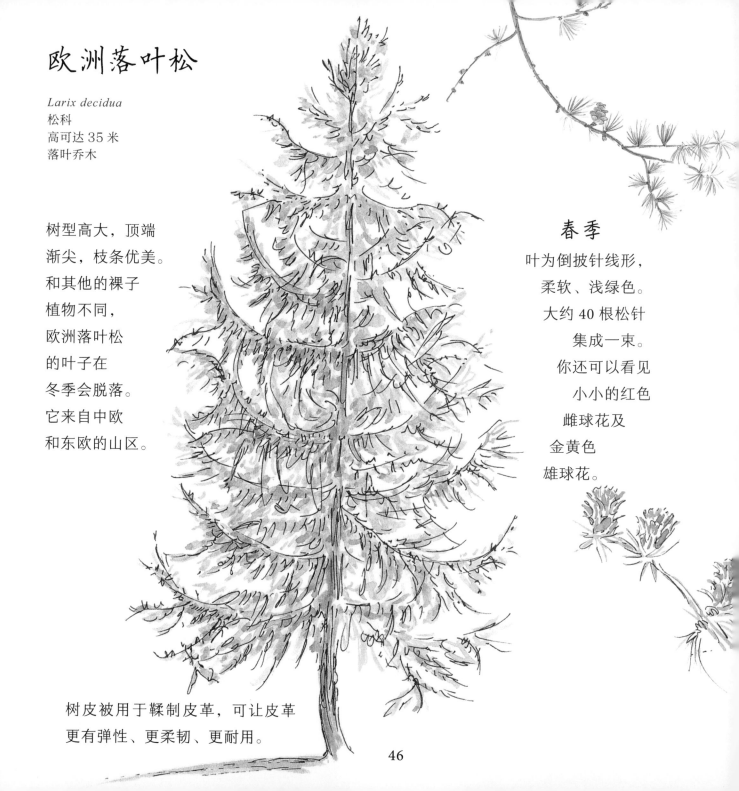

树型高大，顶端
渐尖，枝条优美。
和其他的裸子
植物不同，
欧洲落叶松
的叶子在
冬季会脱落。
它来自中欧
和东欧的山区。

春季

叶为倒披针线形，
柔软、浅绿色。
大约 40 根松针
集成一束。
你还可以看见
小小的红色
雌球花及
金黄色
雄球花。

树皮被用于鞣制皮革，可让皮革
更有弹性、更柔韧、更耐用。

46

这是落叶松鞘蛾。它的
幼虫吃落叶松的松针。
当落叶松鞘蛾数量众多
时，整颗树都可能被摧毁。

欧洲落叶松

交嘴雀吃落叶松的种子。
交嘴雀的喙的独特形状
让它刚好能探入球果的
鳞片中啄出种子。

秋季

松针从浅绿色变成带苍白
色条纹的深绿色，然后
变成红色，最终变成
黄色，并落到
地上。

木材常被用于制作围
栏、门和花园里的工
具房、小木屋。

冬季

在最寒冷的季节里，找找看呈浅
浅的"u"形弯曲的优美枝条，那就
是它了。你还能看见仍然悬挂在树上
的成熟的球果。

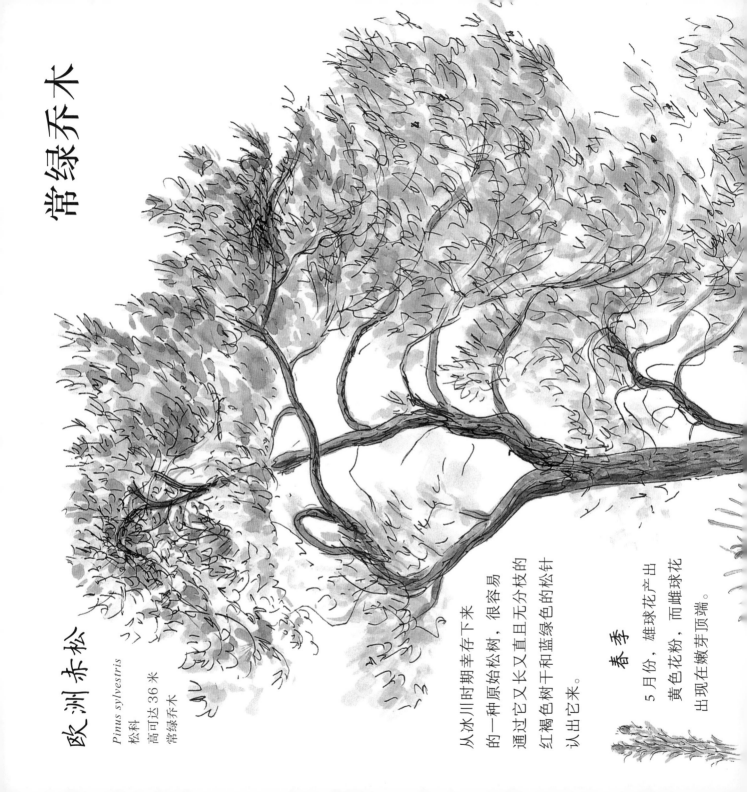

常绿乔木

欧洲赤松

Pinus sylvestris
松科
高可达 36 米
常绿乔木

从冰川时期幸存下来
的一种原始松树，很容易
通过它又长又直且无分枝的
红褐色树干和蓝绿色的松针
认出它来。

春 季

5 月份，雄球花产出
黄色花粉，而雌球花
出现在嫩芽顶端。

欧洲赤松

成熟的松果可以预测天气，种鳞在晴天张开，雨天闭合，以便保护种子。

冬季

松树属于裸子植物。绝大部分的裸子植物都是常绿乔木。松树就是，它终年常绿。但是落叶松不同，它是一种冬季会落叶的裸子植物（请见第46页）。

我跟树皮同一个颜色。

夏季

松果在传粉受精后转向朝下，并且是闭合状态。两年后球果成熟，种鳞张开，释放出带翅的种子，同时球果开始脱落。

欧洲赤松是唯一一种英国原产松。苏格兰高地曾经被这种带着神秘感的欧洲赤松森林覆盖了几百年。

芳香的树脂被用来擦小提琴的琴弓和芭蕾舞鞋。

黎巴嫩雪松

Cedrus libani
松科
高可达 40 米
常绿乔木

黎巴嫩雪松才是真正的
绿巨人，
而且
它横向展开的枝干像一摞巨大
的绿色盘子。

黎巴嫩雪松

早在 4 000 多年前雪松的
木材就被用于修造船只。

黎巴嫩雪松是常绿乔木，常年都长有绿色的
针状叶。它原产于黎巴嫩、叙利亚和安那托利亚
半岛南部。后来，因为树形漂亮，人们将它广泛地
种植在世界各地的公园和花园里。

黎巴嫩雪松是黎巴嫩的国家象征，
在黎巴嫩的国旗上就有它的图案。

球果需要 12 个月才能成熟，通常是隔年才长
一次球果。球果成熟时会从绿紫色变成棕色。

球果成熟时
种鳞张开，释放
出可以随风飘散的带翅的种子。

以前的人们常将衣物
放在用雪松木材做成
的柜子中，这样可以
防止被虫蛀。

古埃及人用黎巴嫩
雪松的树脂给
木乃伊防腐。

51

欧洲云杉

Picea abies
松科
高可达 44 米
常绿乔木

戴菊这种鸟喜欢生活在云杉的树冠之间。

在欧洲的山区和圣诞季节的屋里屋外常能看见这种树。

传说在一千多年前的德国，圣波尼法爵砍掉了一棵有异教徒在树下朝拜的落叶松。后来，一棵像现在就在原来的树模样的树就在原来的这颗树的位置长了出来，它就是欧洲云杉。因此欧洲云杉就成了圣诞节的标志之一。

欧洲冬青

Ilex aquifolium
冬青科
高可达 15 米
常绿灌木

这一常绿灌木有着光滑的银灰色树干以及光亮但是叶缘带尖刺的叶子。啊——手被扎了！

鸟类在冬季食物稀缺时会食用欧洲冬青的浆果。

警告：

千万不能食用！

欧洲冬青的浆果对人类来说是有毒的。

雄花和雌花分别长在不同的树上。雄花的香气很好闻。但小心别在闻花的时候扎到鼻子哦！

欧洲冬青 · 欧洲云杉

长刺山楂也一样，在云杉的枝条之间。

欧洲云杉的木材非常硬，可以被用来制作箱子、梯子、船桨和桅杆。

冬青蓝蝶在冬青的灌木丛中产卵，孵化出来的小毛虫就以冬青的花蕾为食。

有些国际象棋的白色棋子就是用欧洲冬青的木材做的。

你好！

欧洲红豆杉

Taxus baccata
红豆杉科
高可达 25 米
常绿乔木

欧洲红豆杉树型高大
雄伟，树皮红褐色。
在教堂庭院里经
常能看到这
种树，有些
树龄已超
过千年。

褐环乳牛肝菌是一种生长在欧洲红豆杉
树下的伞盖黏滑的橙褐色蘑菇。

如果很老的
欧洲红豆杉的主枝接触到地面
的话，它能落地
生根，重新长成一棵新的树。

春季

拍打雄树，会有大量的
黄色花粉像一片云朵一样飘散出来。

欧洲红豆杉

秋季

雌树上挂着鲜红的果实，
在英国这些浆果也被称为
"流鼻涕的风镜"或"鼻涕果"。

据说罗宾汉使用的弓就是
用欧洲红豆杉的木材做成的。

欧洲红豆杉的叶细小且
柔软，是扁平针状叶。

千万小心！ 欧洲红豆杉
的种子、叶子和树皮对人类
和绝大部分的动物都有很大的
毒性，但对兔子和鹿是例外。

欧洲红豆杉可以被用作
种植隔断篱墙、迷宫或
被修剪成有趣的形状。
后者就是所谓的"树
木造型艺术"。

美国花旗松

Pseudotsuga menziesii

松科
高可达 60 米
常绿乔木

又称北美黄杉，原产北美。树型高大苗条，常年长有绿色针状叶。灰绿色光滑的树皮上有着一些黏滑的有香气的树脂球。当树变老后，树皮会逐渐变成红褐色。

在过去，又高又直的美国花旗松的树干是用来做帆船桅杆的绝佳木材。

美国花旗松的球果的鳞片形状像迷你小老鼠。传说它们是在森林发生火灾时藏在球果里的。

花旗松

如果你看见一段砍下来的树干，你可以通过树干横断面上的圆圈数来判断这棵树的年龄。美国花旗松的年轮很清晰，很容易数。

美国花旗松的英文名"Douglas fir"是根据19世纪苏格兰植物学家戴维·道格拉斯（David Douglas）的名字来命名的。他是一名拥有很多危险经历的勇敢的探险者。在他徒步1万英里穿越美洲的旅程中，他的露营营地遭到野熊袭击，他也因此丧生。

春季

雄花沿着树枝长在新枝的腋部，而雌花长在新枝顶端，形状像一把剃须刷。

油橄榄

Olea europaea
木犀科
高可达 15 米
常绿乔木

橄榄枝是国际通用的和平象征。

油橄榄长在
温暖的地中海地区，
有着细长的灰绿色革质
叶片。果实成熟后从绿色变成黑色。
当树龄变老后，光滑的灰色树
皮会变得皱皱巴巴。

古希腊的人们将
橄榄枝编成的王冠
献给比赛和战争
中的胜利者。

58

地中海柏木

Cupressus sempervirens
柏科
高可达 23 米
常绿乔木

又名意大利柏木。外形漂亮、纤细、修长的地中海柏木是地中海的一大特征。在山坡和花园中很容易一眼认出这些绿色的圆柱子。

树叶纤小、常绿，看上去像覆盖着鳞片。小球果可以在树梢挂上好几年。

树叶没有香气，但木材有香气。嗯，太好闻了！

中世纪时期，地中海柏木常被用来制作衣柜，芳香的木材可以给衣物增添香气。

梵蒂冈的圣彼得大教堂的门就是用柏木做成的。

59

智利南洋杉

Araucaria araucana
南洋杉科
高可达 30 米
常绿乔木

又名猴谜树。是一种被称为"活化石"的古老树种。常绿，幼树树冠呈锥形，随着年龄的增长逐渐长成高大的伞形树冠，外形独特，很容易辨认。细长椭圆形的树叶围绕着树枝呈螺旋状排列，皱皱的灰褐色树皮好似大象的皮肤。

智利南洋杉原产于南美的智利山区，在那里它被称作"Pehuen"，这名字来自当地的土族佩文切人（Pehuenche），他们有时会食用智利南洋杉的种子。

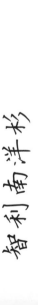

长出一圈新的枝条需要两年时间，但每棵树能活上千年。

树干的耐热能力很强，所以经常长在火山山体的斜坡上。

刺状的树叶很厚，革质，呈三角形。智利南洋杉是雌雄异株，即雄球花和雌球花分别长在不同的树上。

智利南洋杉的种子最初被植物标本采集者带着带回到英国，然后在众多锥形的花园里得以安家落户。

有一个树主人曾评价说："猴各要想爬上这棵树会很难倒它！"从此后，"猴谜树"这个奇怪的名字就产生了。

早在2亿年前恐龙称霸地球的时候，智利南洋杉就已经存在了。

索引

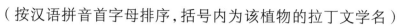

（按汉语拼音首字母排序，括号内为该植物的拉丁文学名）

树木清单

（请在你看到过的树木前打勾）

- [ ] 垂枝桦
- [ ] 单子山楂
- [ ] 地中海柏木 / 意大利柏木
- [ ] 黑刺李
- [ ] 梨树
- [ ] 黎巴嫩雪松
- [ ] 李树
- [ ] 栎树 / 橡树
- [ ] 柳树
- [ ] 美国花旗松 / 北美黄杉
- [ ] 欧亚槭
- [ ] 欧榛
- [ ] 欧洲白蜡树
- [ ] 欧洲赤松
- [ ] 欧洲冬青
- [ ] 欧洲鹅耳枥
- [ ] 欧洲红豆杉
- [ ] 欧洲花楸

- [ ] 欧洲栗 / 甜栗
- [ ] 欧洲落叶松
- [ ] 欧洲七叶树 / 马栗树
- [ ] 欧洲桤木
- [ ] 欧洲水青冈
- [ ] 欧洲小叶椴
- [ ] 欧洲云杉
- [ ] 苹果树
- [ ] 犬蔷薇
- [ ] 栓皮槭
- [ ] 无毛榆
- [ ] 西洋接骨木
- [ ] 杏树
- [ ] 英桐 / 二球悬铃木 / 法国梧桐
- [ ] 樱桃树
- [ ] 油橄榄
- [ ] 智利南洋杉 / 猴谜树
- [ ] 钻天杨

　　伊甸园工程的目的是搭起一座植物和人类之间的桥梁。它致力于提高人类对我们共享的这个地球大花园更多、更好的认识和了解，鼓励我们尊重植物并保护植物。

我的树木剪贴簿

后面这些页面专属于你，你可以用来记录你所看见的树木以及它们的生长环境。

这本书能帮助你鉴定在每个季节看见的不同树木。你可以在后面这些空白页面中用文字、绘画或照片记录你所看见的树。但是要记住，你只能摘取长在你自家院子里的树叶和花朵来压制标本。后面每页的题头只是参考，你可以根据你的意愿来安排和使用这些空间，任意放飞你的想象力。每次做记录时一定不要忘记写下日期。这些信息以后可能会是很有用的资料。

尽情地发挥吧，记录下这些漂亮的树叶、花朵和果实，也别忘记了你在树间看见的昆虫和鸟类。

这是属于你的空间，填满它吧！

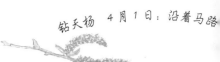
钻天杨 4月1日：沿着马路

春季的树

欧洲水青冈 4月12日：公园。高大的水青冈居然有如此柔软的嫩叶。

欧榛 4月24日：灌木

的花序在微风中摇曳。

李树 3月15日：邻居的院子里，盛开的小花排排美丽啊！

毛绒绒的花序，像羔羊尾巴一样！

欧亚椴 6月1日：奶奶的院子里。好多蜜蜂围着它采蜜。

夏季的树

樱桃 6月30日：在我们家的院子里樱花经盛。可今年的第一颗樱桃太美味了！

栓皮槭 7月2日：下午散步时看到

英桐 6 月 19 日：我们这条街的街道两旁。带刺的果实看上去就和书上的一样一样。

了一些柔软革质的树叶。

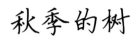

欧洲七叶树　　10月10日：我在公园里捡到一个非常大的马栗。

秋季的树

栎树　9月10日：游乐场。我捡到一个橡果并种在花盆里。

欧洲落叶松　10

单子山楂　9 月 20 日：灌木篱墙。我看见一只画眉鸟在吃红山楂果！

里，落叶松的叶子变成了金黄色。

冬季的树

欧亚椴　2 月 14 日：树林里散步时看到的。我看见了它弯弯曲曲的树枝。

欧洲栗　1 月 10 日：爷爷的院

可以凭虬曲的枝条和树干底部周围的徒生枝辨认出来。

可以顺着树干上的螺旋状棱条向上爬升。

欧洲冬青 12 月 11 日: 我们收集了一些冬青枝条来装饰船门。

柳树　7月19日：河边。我们在

最喜欢的树

欧洲红豆杉　10月25日：在教堂墓地的欧洲红豆杉下，我看见了一簇褐环乳牛肝菌！

黎巴嫩雪松　8月10日：在希腊度假时看见

的柳树下划船，那感觉真是太棒了。

丁躺在巨大的树枝丛下躲避正午的太阳。

6 月 25 日：我很喜欢它浅粉红色的花朵。

假期看见的树

智利南洋杉

欧洲红豆杉

钻天杨

欧洲落叶松

地中海柏木

黎巴嫩雪松

欧洲赤松

油橄榄

一次散步时，我在地上捡到一颗种子，我将它带回了家并种在花盆里。

我自己的树

我不知道它需要多长时间才能长出小苗来。我最好还是先记录在这里。

在游乐场深处有一颗特别高的树。

我看见过的最高的树

我请一个朋友帮忙来测量了它的高度。

它高达＿＿米，外形看起来有点像这样。

献给凯特

图书在版编目（CIP）数据

树木小指南 /（英）凯特·佩蒂，（英）乔·埃尔沃
西文；（英）夏洛特·沃克绘；（法）邓韫译. -- 成都：
四川人民出版社，2019.3

ISBN 978-7-220-11202-7

Ⅰ.①树… Ⅱ.①凯… ②乔… ③夏… ④邓… Ⅲ.
①树木－儿童读物 Ⅳ.① S718.4-49

中国版本图书馆 CIP 数据核字 (2019) 第 015052 号

Copyright©Charlotte Voake, Kate Petty and Jo Elworthy, 2015. First published as 'A Little Guide to Trees' by Randon House Children's Publishers UK, a division of The Random House Group Ltd.

本书中文简体版权归属于银杏树下（北京）图书有限责任公司。

SHUMU XIAO ZHINAN

树木小指南

著　者	[英]凯特·佩蒂 文	出版发行	四川人民出版社（成都槐树街2号）
	[英]乔·埃尔沃西 文	网　址	http://www.scpph.com
	[英]夏洛特·沃克 绘	E－mail	scrmcbs@sina.com
译　者	[法]邓韫	印　刷	北京盛通印刷股份有限公司
选题策划	后浪出版公司	成品尺寸	210mm×210mm
出版统筹	吴兴元	印　张	4
特约编辑	许治军	字　数	37 千
责任编辑	叶驰 任学敏	版　次	2019 年 3 月第 1 版
责任印制	李剑	印　次	2019 年 3 月第 1 次
装帧制造	墨白空间	书　号	978-7-220-11202-7
营销推广	ONEBOOK	定　价	60.00 元